Esther Mbela Nkuba

Nutrição e estilo de vida na prevenção do cancro

Esther Mbela Nkuba

Nutrição e estilo de vida na prevenção do cancro

O impacto da dieta e das escolhas de estilo de vida na prevenção do cancro

ScienciaScripts

Imprint

Any brand names and product names mentioned in this book are subject to trademark, brand or patent protection and are trademarks or registered trademarks of their respective holders. The use of brand names, product names, common names, trade names, product descriptions etc. even without a particular marking in this work is in no way to be construed to mean that such names may be regarded as unrestricted in respect of trademark and brand protection legislation and could thus be used by anyone.

Cover image: www.ingimage.com

This book is a translation from the original published under ISBN 978-620-7-84458-6.

Publisher:
Sciencia Scripts
is a trademark of
Dodo Books Indian Ocean Ltd. and OmniScriptum S.R.L publishing group

120 High Road, East Finchley, London, N2 9ED, United Kingdom
Str. Armeneasca 28/1, office 1, Chisinau MD-2012, Republic of Moldova, Europe
Printed at: see last page
ISBN: 978-620-7-92917-7

NUTRIÇÃO E ESTILO DE VIDA NA PREVENÇÃO DO CANCRO

Declaração de exoneração de responsabilidade: As informações fornecidas neste guia destinam-se apenas a fins educativos e informativos. Não deve ser considerado um conselho médico nem um substituto de uma consulta, diagnóstico ou tratamento médico profissional. As pessoas com preocupações de saúde específicas ou condições médicas pré-existentes devem procurar a orientação de profissionais de saúde qualificados antes de efectuarem quaisquer alterações à sua dieta, estilo de vida ou plano de tratamento. O autor e o editor não assumem qualquer responsabilidade pela utilização ou utilização incorrecta das informações aqui contidas. Consulte sempre um prestador de cuidados de saúde ou um profissional qualificado para obter aconselhamento personalizado e recomendações relacionadas com a prevenção do cancro, nutrição e modificações do estilo de vida.

Prefácio

No mundo de hoje, o cancro tornou-se uma das doenças mais prevalentes e temidas, afectando milhões de pessoas em todo o mundo. Apesar dos desafios colocados pelo cancro, há esperança sob a forma de prevenção, deteção precoce e avanços no tratamento. Compreender o papel da nutrição e do estilo de vida na prevenção do cancro é crucial para melhorar a saúde geral e reduzir o risco de desenvolver esta doença.

Este livro abrangente fornece informações valiosas sobre o impacto da nutrição, das escolhas de estilo de vida e dos factores ambientais na prevenção do cancro. Ao aprofundar as definições de carcinogéneos, mutagéneos, anticarcinogéneos e o significado dos fitoquímicos, lança luz sobre as intrincadas ligações entre as nossas escolhas alimentares e o nosso bem-estar. Além disso, sublinha a importância da desintoxicação, destaca as implicações de condições como a caquexia e a anorexia, e enfatiza a necessidade de uma abordagem holística para manter a saúde geral.

Ao navegarmos pelas complexidades da prevenção do cancro, é evidente que o conhecimento é uma ferramenta poderosa. Este prefácio prepara o terreno para uma viagem rumo à compreensão da importância das medidas proactivas no combate ao cancro e na promoção de um estilo de vida saudável. Através da colaboração, da educação e de um compromisso com o bem-estar, podemos esforçar-nos por criar um mundo onde o impacto do cancro seja significativamente reduzido.

Juntos, vamos embarcar nesta exploração esclarecedora da nutrição e do estilo de vida na prevenção do cancro, com o objetivo comum de promover uma comunidade global mais saudável e mais resistente.

Dr. Hoyce Mshinda

Investigador sénior. Centro de Alimentação e Nutrição da Tanzânia, Dar es Salaam, Tanzânia.

Índice

Definição de termos

Carcinogénicos são alimentos, substâncias ou outros agentes que favorecem o desenvolvimento do cancro.

Os mutagénicos são substâncias que produzem mutações ou alterações no código genético das células. Os agentes mutagénicos são também cancerígenos.

Os anticarcinogéneos ou protectores do cancro são alimentos ou substâncias que neutralizam a ação dos carcinogéneos e retardam ou impedem o desenvolvimento do cancro. Praticamente todos os anticancerígenos são de origem vegetal.

Os fitoquímicos são substâncias químicas vegetais não nutritivas, compostos que conferem às plantas as suas características especiais, incluindo o sabor, o cheiro, a cor e as propriedades curativas.

Um alimento refinado é um alimento processado que não contém todos os seus nutrientes originais.

A desintoxicação é o processo de neutralização, transformação e eliminação de toxinas do corpo e de limpeza do excesso de muco e congestão.

A caquexia é uma doença caracterizada por fraqueza, perda de peso e perda de gordura e de músculo.

A anorexia é a perda de apetite ou de vontade de comer.

Cancro: uma proliferação descontrolada de células que produz um tumor maligno.

CAPÍTULO 1: INTRODUÇÃO

1.1 Antecedentes

O cancro refere-se a um grupo de doenças caracterizadas pelo crescimento anormal de células com potencial para invadir ou espalhar-se para outras partes do corpo. Estas células anómalas podem formar tumores ou interferir com o funcionamento normal dos órgãos, conduzindo a problemas de saúde graves. Existem muitos tipos diferentes de cancro, cada um com as suas próprias características e opções de tratamento.

Os mutagénicos são agentes ou substâncias que podem causar mutações genéticas no ADN dos organismos vivos. Estas mutações podem levar a alterações na informação genética, resultando potencialmente em efeitos nocivos como o desenvolvimento de cancro ou outras doenças genéticas. Os agentes mutagénicos podem ser naturais ou artificiais e têm um interesse significativo nos domínios da genética, toxicologia e saúde ambiental.

O cancro é um dos quatro principais tipos de doenças não transmissíveis: doenças cardiovasculares, diabetes, cancro e doenças respiratórias crónicas. As doenças não transmissíveis (DNT) são atualmente responsáveis pela maioria das mortes a nível mundial e prevê-se que, no século XXI, o cancro seja a principal causa de mortalidade e morbilidade a nível mundial e o obstáculo mais crítico ao aumento da esperança de vida em todos os países do mundo. De acordo com as estimativas da Organização Mundial de Saúde (OMS), em 2015, o cancro foi a primeira ou a segunda principal causa de morte antes dos 70 anos de idade em 91 dos 172 países e ocupa o terceiro ou o quarto lugar em mais 22 países.

O cancro é possivelmente a doença mais temida e receada de todas as que afectam a humanidade. Muitas pessoas temem o aparecimento de qualquer forma de cancro, mas relativamente poucas tomam as medidas necessárias para reduzir essa possibilidade. Desde tenra idade, o cancro deve ser a nossa agenda pessoal.

O cancro começa quando o ADN da célula é danificado após a exposição a um agente cancerígeno (carcinogéneo). Os carcinogéneos mais comuns são o fumo do tabaco, certos aditivos alimentares como os nitritos, contaminantes químicos como os pesticidas, alguns vírus e bolores e a radiação. O cancro começa quando as células começam a crescer de forma descontrolada, formando um tumor. O crescimento do tumor pode afetar os tecidos adjacentes e espalhar-se para outras partes do corpo, dando origem a tumores secundários. Isto pode ser causado por factores genéticos, ambientais, estilo de vida e mutações do ADN. Se não forem tratadas, as células cancerosas podem espalhar-se para outras partes do corpo. Podem espalhar-se através do sistema linfático ou da corrente sanguínea para outras partes do corpo. O cancro pode envolver qualquer tecido do corpo e ter muitas formas diferentes em cada área do corpo. A maioria dos cancros tem o nome do tipo de célula ou órgão em que se iniciam.

Se um cancro se espalhar (metástase), o novo tumor tem o mesmo nome que o tumor original (primário). A frequência de um determinado cancro pode depender do sexo. Enquanto o cancro da pele é o tipo de cancro mais comum tanto nos homens como nas mulheres, o segundo tipo mais comum nos homens é o cancro da próstata e, nas mulheres, o cancro da mama.

Estão a ser feitos enormes esforços em todo o mundo para descobrir **os** seus **factores causais**, o mais importante dos quais é **uma dieta inadequada**. *Apesar da sua temível reputação de assassino, a boa notícia é que pode ser prevenido*. Embora seja verdade que nem todos os cancros são causados pela alimentação, a nossa alimentação ou agrava os problemas ou protege-nos contra eles. Estima-se que 35% de todos os cancros estão diretamente relacionados com a alimentação, 30% com o consumo de tabaco e o restante terço deve-se a outros factores. Este último terço incluiria os riscos profissionais, a poluição, os produtos industriais, as infecções, a genética, o álcool, os medicamentos e os procedimentos médicos, bem como outras causas desconhecidas. A genética representa 6%.

1.2 Incidência global do cancro

O cancro é uma das principais causas de morte em todo o mundo, com quase 10 milhões de mortes relacionadas com o cancro em 2020. Por conseguinte, qualquer investigação para prevenir ou curar esta doença é extremamente importante. As especiarias têm sido amplamente estudadas em vários países para tratar diferentes doenças.

Um em cada 5 homens e uma em cada 6 mulheres em todo o mundo desenvolvem cancro durante a sua vida, e um em cada 8 homens e uma em cada 11 mulheres morrem da doença. Em todo o mundo, estima-se que o número total de pessoas vivas nos 5 anos seguintes ao diagnóstico de cancro, a chamada prevalência a 5 anos, seja de 43,8 milhões. Desses 18,1 milhões, 9,5 milhões de casos registam-se em homens e 8,5 milhões em mulheres.

Em 2018, em ambos os sexos combinados, o cancro do pulmão é o cancro mais frequentemente diagnosticado (11,6% do total de casos) e a principal causa de morte por cancro (18,4% do total de mortes por cancro), seguido de perto pelo cancro da mama feminino (11,6%), cancro da próstata (7,1%) e cancro colorretal (6,1%) para a incidência e cancro colorretal (9,2%), cancro do estômago (8,2%) e cancro do fígado (8,2%) para a mortalidade.

O cancro do pulmão foi o cancro mais comum nos homens em todo o mundo, representando 15,5% de todos os novos casos diagnosticados em 2018. Os três principais cancros nos homens - pulmão, próstata e colorrectal - representaram 44,4% de todos os cancros (excluindo o cancro da pele não melanoma). Nas mulheres, o cancro da mama foi o mais comum em todo o mundo, representando 25,4% dos novos casos diagnosticados em 2018. Os três principais cancros nas mulheres - mama, colorrectal e pulmão - representaram 43,9% de todos os cancros (excluindo o cancro da pele não melanoma). O cancro do colo do útero foi o quarto cancro mais comum nas mulheres, representando 6,9% dos novos casos diagnosticados em 2018. Outros cancros comuns, cada um com mais de 5% dos novos casos, foram o cancro do estômago e do fígado.

Os cancros do pulmão, da mama feminina e do colo-rectal são os três principais tipos de cancro em termos de incidência e estão classificados entre os cinco primeiros em termos de mortalidade (primeiro, quinto e segundo, respetivamente). Em conjunto, estes três tipos de cancro são responsáveis por um terço da incidência e da mortalidade por cancro em todo o mundo. Os cancros do pulmão e da mama feminina são os principais tipos de cancro a nível mundial em termos de número de novos casos; para cada um destes tipos, estima-se que, em 2018, tenham sido diagnosticados cerca de 2,1 milhões de casos, o que representa cerca de 11,6% da incidência total do cancro. O cancro colorrectal (1,8 milhões de casos, 10,2% do total) é o terceiro cancro mais frequentemente diagnosticado, o cancro da próstata é o quarto (1,3 milhões de casos, 7,1%) e o cancro do estômago é o quinto (1,0 milhões de casos, 5,7%).

CAPÍTULO 2: TIPOS DE CANCRO

2.1 Tipos comuns de cancro

2.1.1 Cancro do pulmão

O cancro do pulmão inclui dois tipos principais: o cancro do pulmão de pequenas células e o cancro do pulmão de grandes células pequenas. O tipo de pequenas células, comummente encontrado em fumadores, cresce rapidamente e espalha-se rapidamente para outras partes do corpo. Os não fumadores também podem desenvolver cancro do pulmão. O tabagismo é a principal causa de ambos os tipos de cancro do pulmão.

Sintomas: Tosse persistente, dor no peito, falta de ar, pieira, expetoração com sangue, rouquidão, fadiga, bronquite ou pneumonia recorrente, perda de peso, inchaço da face e do pescoço.

2.1.2 Cancro da mama

O cancro da mama é o segundo cancro mais frequente nas mulheres, a seguir ao cancro da pele. As mamografias podem detetar precocemente o cancro da mama, possivelmente antes de este se ter espalhado. Os nódulos mamários são muito frequentes.

Sintomas: os nódulos são firmes, não se deslocam e geralmente não causam dor. Os nódulos que não se deslocam podem ser malignos ou não. *Noutro tipo*: há comichão, vermelhidão e dor no mamilo. *No terceiro tipo*: O peito fica extremamente sensível e parece estar infetado com alguma coisa.

Alguns casos ocorrem numa idade precoce, mas a maioria ocorre em mulheres mais velhas (35-54 anos). Quanto mais cedo for diagnosticado o cancro da mama, melhores são as taxas de sobrevivência.

2.1.3 Cancro da próstata

O cancro da próstata é o cancro mais comum e a segunda principal causa de morte por cancro entre os homens. Normalmente, o cancro da próstata cresce muito lentamente, e descobri-lo e tratá-lo antes de surgirem os sintomas pode não melhorar a saúde dos homens nem ajudá-los a viver mais tempo.

Sintomas: Possível dor ou sensação de ardor durante a micção, micção frequente, diminuição do tamanho e da força do fluxo de urina, incapacidade de urinar, sangue na urina e desconforto contínuo na zona lombar ou pélvica logo acima da zona púbica. Mas pode não haver sintomas até uma fase avançada ou até o cancro se espalhar para além da prostata.

Muitas vezes, os sintomas acima referidos apontam para um aumento benigno da próstata e não para um cancro nesse órgão.

2.1.4 Cancro do cólon e do reto (cancro colorrectal)

O cancro colorrectal começa frequentemente como um crescimento chamado pólipo no interior do cólon ou do reto. A deteção e remoção dos pólipos pode prevenir o cancro colorrectal.

Sintomas: Hemorragia rectal, sangue nas fezes, dores de gases, obstipação, inchaço persistente, sensibilidade ou dor abdominal. Alterações nos hábitos intestinais, anemia, perda de peso significativa, colite ulcerosa, fadiga invulgar ou palidez.

2.1 .5 Cancro do estômago

O cancro do estômago é caracterizado pelo crescimento de células cancerosas no revestimento do estômago. Também chamado cancro gástrico, este tipo de cancro é difícil de diagnosticar porque a maioria das pessoas não apresenta sintomas nas fases iniciais. O cancro do estômago ocorre quando as células normalmente saudáveis do sistema digestivo superior se tornam cancerosas e crescem fora de controlo, formando um tumor. Este processo ocorre lentamente. O cancro do estômago tende a desenvolver-se ao longo de muitos anos. O cancro do estômago está diretamente relacionado com os tumores do estômago. Os factores de risco incluem certas doenças e condições, tais como: linfoma (um grupo de cancros do sangue), infecções bacterianas por H. pylori (uma infeção comum do estômago que por vezes pode levar a úlceras), tumores noutras partes do sistema digestivo, pólipos do estômago (crescimentos anormais de tecido que se formam no revestimento do estômago). O cancro do estômago também é mais frequente em adultos mais velhos, geralmente homens com 50 anos ou mais, fumadores e pessoas com antecedentes familiares da doença.

Sintomas: Muitas vezes, não há sintomas até a doença estar avançada. Dor, indigestão, inchaço depois de comer, dor de estômago que não pode ser eliminada mesmo com antiácidos, vómitos depois de comer, vómito com sangue, fezes pretas, fadiga, anemia e perda de peso.

2.1.6 Cancro do fígado

Normalmente, está associado a infecções hepáticas, a um consumo elevado de álcool (e na sequência de cirrose hepática) ou à disseminação de cancros de qualquer outra parte do corpo. O cancro do fígado inclui o carcinoma hepatocelular (CHC) e o cancro das vias biliares (colangiocarcinoma). Os factores de risco para o CHC incluem a infeção crónica com hepatite B ou C e a cirrose hepática.

Sintomas: Caracteriza-se por dor no abdómen superior direito, iterícia e distensão do abdómen por líquido (ascite).

2.1.7 Cancro do esófago

Principalmente relacionada com a ingestão de líquidos muito quentes, o tabagismo, o alcoolismo, uma dieta rica em gordura, o consumo de alimentos fumados a lenha e azia frequente.

Sintomas: Não há sintomas até o cancro estar avançado. Uma maior dificuldade em engolir, muitas vezes com a sensação de que algo está preso na garganta ou no peito. Vómitos, muitas vezes de sangue. Cuspir o excesso de muco. Indigestão crónica. Perda de peso, anemia perniciosa, dores de barriga depois de comer. Eventualmente, atingindo um estado doloroso quando pode ser demasiado tarde para tratar com sucesso.

2.1.8 Cancro do colo do útero

O cancro do colo do útero é uma das formas de cancro mais evitáveis e tratáveis, mas continua a ser uma das causas de morte mais comuns nas mulheres. A nível mundial, o cancro do colo do útero é o quarto cancro mais comum nas mulheres, com cerca de 660 000 novos casos em 2022. No mesmo ano, cerca de 94% das 350 000 mortes causadas pelo cancro do colo do útero ocorreram em países de baixo e médio rendimento. As taxas mais elevadas de incidência e mortalidade por cancro do colo do útero registam-se na África Subsariana (ASS), na América Central e no Sudeste Asiático. ***O cancro do colo do útero é causado*** por uma infeção persistente com o papilomavírus humano (HPV). As mulheres que vivem com VIH têm seis vezes mais probabilidades de desenvolver cancro do colo do útero do que as mulheres sem VIH. O papilomavírus humano (HPV) é uma infeção sexualmente transmissível comum que pode afetar a pele, a zona genital e a garganta. A atividade sexual precoce, muitos parceiros sexuais e parceiros que tenham tido muitos parceiros sexuais aumentam o risco de cancro do colo do útero. Na maioria dos casos, o sistema imunitário elimina o HPV do organismo. A infeção persistente com HPV de alto risco pode provocar o desenvolvimento de células anormais, que se transformam em cancro. Quanto maior for o número de gravidezes, maior é o risco. A utilização de pílulas contraceptivas orais pode aumentar ligeiramente o risco. Tanto o álcool como o tabaco, mesmo em quantidades moderadas, são factores que contribuem para o risco.

A África Oriental tem as taxas de incidência e mortalidade por cancro do colo do útero mais elevadas do mundo. A incidência do cancro do colo do útero na região é de 42,7 por 100.000 mulheres e as taxas de mortalidade nos países da África Oriental atingem 54 mortes por 100.000 mulheres na Tanzânia.

Sintomas: Não há sintomas até a doença ter progredido bastante. Os sintomas podem incluir hemorragia vaginal anormal, como hemorragia entre períodos menstruais, após relações sexuais ou após a menopausa. Período doloroso ou pesado. Outros sintomas podem incluir dor pélvica, dor durante as relações sexuais e corrimento vaginal invulgar. É importante notar que o cancro do colo do útero em fase inicial pode não apresentar quaisquer sintomas, razão pela qual os exames regulares são essenciais para a deteção precoce.

2.1.8 Cancro da tiroide

O cancro da tiroide pode ocorrer em qualquer faixa etária, embora seja mais comum após os 30 anos e a sua agressividade aumente significativamente nos doentes mais velhos. O cancro da tiroide pode ser de quatro tipos principais, que variam em termos de agressividade. O cancro anaplásico da tiroide é difícil de curar com os tratamentos actuais, ao passo que o cancro papilar (o mais frequente), folicular e medular da tiroide pode geralmente ser curado.

Sintomas: Normalmente, o cancro da tiroide não provoca quaisquer sinais ou sintomas no início da doença. À medida que o cancro da tiroide cresce, pode causar um nódulo que pode ser sentido através da pele do pescoço e alterações na voz, incluindo rouquidão crescente, dificuldade em engolir, dor no pescoço e na garganta e gânglios linfáticos inchados no pescoço.

2.1.9 Cancro da bexiga

O cancro da bexiga é um dos vários tipos de cancro que surgem nos tecidos da bexiga urinária. É uma doença em que as células crescem de forma anormal e têm o potencial de se espalhar para outras partes do corpo. O tipo mais comum de cancro da bexiga é o carcinoma de células de transição, também chamado carcinoma urotelial. O tabagismo é um dos principais factores de risco do cancro da bexiga. O cancro da bexiga é frequentemente diagnosticado numa fase inicial.

Sintomas: Sangue na urina, dor ao urinar e dor lombar.

2.2 Tipos comuns de cancro e tendência de incidência em Tanzânia

O cancro é uma causa importante de morbilidade e mortalidade na Tanzânia. De acordo com o Registo do Cancro da Tanzânia, que regista todos os tumores malignos confirmados histologicamente, o número de casos de cancro notificados aumentou significativamente nas últimas décadas. Em 1983, os tumores mais frequentemente diagnosticados na Tanzânia eram o cancro do colo do útero, o cancro da pele, o cancro primário do fígado, o sarcoma de Kaposi e o linfoma de Burkitt. Em 2012, os cinco cancros mais comuns na Tanzânia foram (1) ginecológico (colo do útero, corpo do útero e ovário), (2) sarcoma de Kaposi, (3) urológico (bexiga, rim, próstata e testículo), (4) cabeça e pescoço (lábio, cavidade oral, nasofaringe, outra faringe, laringe e tiroide) e (5) mama. Em 2014, a URT, reportou o perfil de mortalidade por cancro; para os homens, o cancro da próstata liderava com 30,2%, seguido do cancro do esófago (13,7%), boca e orofaringe (9,3%), fígado (4,1%), estômago (4,1%) e outros (38,6%). O cancro do colo do útero foi o mais frequente nas mulheres (37,9%), seguido do cancro da mama (12,0%), do cancro do esófago (6,7%), do cancro da boca e da orofaringe (5,7%), do cancro do cólon e reto (5,4%) e de outros (32,4%). Existem variações geográficas e tribais na frequência da doença. <u>Os factores ambientais parecem ter um papel importante na distribuição. Através da eliminação destes factores, o cancro na Tanzânia poderia ser reduzido, se não totalmente evitado.</u>

CAPÍTULO 3: GESTÃO NUTRICIONAL DO CANCRO

3.1 A lei da hereditariedade

A lei da hereditariedade, não temos escolha para esta lei. Todos nós herdamos a nossa constituição básica dos nossos antepassados. As nossas forças e fraquezas corporais influenciam a nossa resistência e suscetibilidade às doenças. Por muito boa ou má que seja esta constituição hereditária, as boas escolhas em matéria de saúde permitem-nos tirar o melhor partido do que nos foi dado. As más escolhas terão o efeito contrário.

3.2 A lei da atividade e do repouso

A lei da atividade e do repouso: De acordo com esta lei, o nosso corpo foi concebido para a ação; quatro horas de trabalho vigoroso ao ar livre por dia seria o ideal; infelizmente, os empregos sedentários deixam pouco tempo para o exercício.

3.3 As leis da nutrição

As leis da nutrição: deve haver uma oferta adequada de alimentos simples e saudáveis preparados de forma simples e natural e uma ingestão adequada de água limpa e pura. O tipo e a quantidade de alimentos devem ser adequados à idade e à atividade profissional da pessoa, bem como ao clima em que vive. A pessoa deve comer a intervalos regulares, sendo a maior refeição no início do dia, e não deve haver refeições ligeiras ao deitar. Para além de nutritiva, a comida deve ser apetitosa.

3.4 A lei da abstinência de venenos

A lei da Abstinência de venenos inclui os venenos socialmente aceites: álcool, tabaco, outras variedades de substâncias recreativas e que alteram a mente, e todos os medicamentos desnecessários. Evitar os venenos provenientes da poluição causada por vestígios de herbicidas e pesticidas nos alimentos, poluentes industriais e domésticos ou gases de escape dos automóveis.

3.5 Lei da mente e do espírito

De acordo com a Lei da Mente e do Espírito, um estado de espírito pacífico e alegre é necessário para uma saúde óptima. Aqueles que o tentaram testemunharão que a melhor maneira de alcançar esse estado é através de uma relação próxima com Deus. A confiança no poder divino conduz à cura divina. Seja feliz e alegre, e confie na ajuda de Deus para enfrentar o stress e as tensões da vida quotidiana. A mente tem influência em todos os sistemas do corpo e na sua atividade. A depressão abranda e a alegria estimula. A alegria altera a química do cérebro. Os pensamentos alegres ajudam a curar tanto o corpo como a alma.

CAPÍTULO 4: PREVENÇÃO DO CANCRO

4.1 Cancro e alimentação

"Transforme a sua cozinha e mesa de jantar num espaço de cura."

O cancro e a alimentação têm uma relação íntima: alguns causam-no e outros previnem-no. É mais fácil prevenir o cancro do que tratá-lo. Por isso, a prevenção é a melhor forma de lidar com o cancro. Cerca de 80% dos casos de cancro parecem estar ligados à forma como as pessoas vivem as suas vidas. Por exemplo, o facto de se fumar ou não, os alimentos que se comem e certos poluentes industriais afectam a probabilidade de contrair cancro. O papel da alimentação na causa e na prevenção do cancro é particularmente importante. De acordo com o World Cancer Research Fund, em 2018, estima-se que cerca de 30-35% das mortes por cancro em todo o mundo possam estar associadas a influências alimentares. A alimentação é hoje o principal fator causador de cancro. É verdadeiramente irónico que os alimentos, que deveriam proporcionar saúde e vida, se tornem a principal causa de cancro e de morte. Apesar da sua temível reputação de assassino, a boa notícia é que o cancro pode ser prevenido. Uma boa alimentação é importante para a prevenção do cancro e para os doentes com cancro

4.2.1 Ter uma alimentação saudável

Uma alimentação saudável melhora o sistema imunitário e a saúde em geral, reduzindo o risco de muitos cancros. Existem provas sólidas de que a forma como se come tem um impacto real no risco de cancro. Todos os alimentos vegetais naturais têm propriedades poderosas. É importante lembrar que, embora nenhum alimento ou componente alimentar possa proteger totalmente contra o cancro, o consumo de um conjunto diversificado de vegetais, frutas, cereais integrais, feijões, nozes, sementes e outros alimentos vegetais pode ajudar a reduzir o risco de muitos tipos de cancro. Vários minerais, vitaminas e fitoquímicos presentes nestes alimentos demonstraram ter efeitos anti-cancerígenos. A investigação indica que os efeitos combinados destes compostos numa dieta equilibrada proporcionam a maior proteção contra o cancro, enfatizando a importância do consumo de uma grande variedade de alimentos de todos os grupos alimentares.

As plantas têm substâncias químicas vegetais (fitoquímicos), cada uma ajudando a melhorar os nossos sistemas de defesa à sua maneira. Os fitoquímicos têm propriedades anticancerígenas; exemplos destes são a família das brássicas - couve, brócolos, couves de bruxelas, etc.; a família da cenoura, que inclui seguramente, pastinaca, salsa e coentros; e *a família da cebola e do alho*. Encontram-se nos frutos e nos cereais, bem como noutras plantas. Deve haver uma boa proporção de frutas e legumes. Alguns cozinhados, outros crus.

Coma mais alimentos ricos em fibras. Estes incluem grãos integrais, cereais e frutas. Os alimentos refinados, especialmente os ricos em açúcar e gorduras, têm o efeito oposto. Os alimentos refinados geralmente adicionam muitas calorias à sua dieta em comparação com a quantidade de nutrientes que contribuem. O processo de **refinação** refere-se especificamente aos hidratos de carbono, como os cereais e os açúcares.

CAPÍTULO 5: ESTRATÉGIAS DE PREVENÇÃO DO CANCRO

5.1 Introdução

Entre 30 e 50% de todos os casos de cancro são evitáveis. A prevenção constitui a estratégia a longo prazo mais eficaz em termos de custos para o controlo do cancro. Infelizmente, a maior parte das pessoas não sabe quais são os principais passos que podem dar para reduzir o seu risco. Uma dieta saudável, exercício físico regular, deixar de fumar, usar protetor solar e manter um peso adequado são as melhores ferramentas de prevenção.

5.2 A alimentação é fundamental

Iniciar um protocolo alternativo de tratamento do cancro é como colocar lenha na lareira (ou seja, no *seu corpo*). Quando a lenha pega fogo e começa a arder, o fogo vai matar as células cancerígenas que colonizaram a sua lareira. No entanto, fazer uma dieta pobre é como deitar água nesse mesmo fogo; uma má dieta irá destruir muitos tratamentos alternativos contra o cancro. De facto, muitos estudos científicos demonstraram que uma má alimentação pode, por si só, causar cancro.

Com demasiada frequência, as pessoas pensam que estão curadas do cancro quando o tumor desaparece ou quando as células cancerígenas estão mortas. Depois, voltam ao seu antigo modo de vida, à sua antiga alimentação, aos seus antigos vícios e, infelizmente, o cancro regressa. O que devemos ter em mente é que algumas condições internas permitem que o cancro cresça inicialmente, e se essa condição interna voltar devido a uma dieta pobre, então o cancro também voltará. Como é que podemos manter o nosso ambiente interno saudável? Coma alimentos integrais orgânicos. Evitar alimentos geneticamente modificados (OGM). Não consumir alimentos processados.

5.2 Uma alimentação saudável reduz o risco de cancro

A sua dieta deve conter frutas, legumes, cereais integrais, feijões, nozes e sementes e óleo de coco virgem, e incluir quantidades moderadas de peixe, aves e produtos lácteos, limitando a carne vermelha. Há muito que se reconhece que este padrão alimentar reduz o risco de certos tipos de cancro, promove uma melhor saúde cardiovascular e protege contra o declínio cognitivo. Brócolos, couve, cebola, cenoura, alho, couve-galega, couve-flor e couve-de-bruxelas são todos vegetais crucíferos. Esta família de vegetais contém fitoquímicos poderosos, incluindo carotenóides, indóis e glucosinolatos e isotiocianatos, que foram estudados e demonstraram retardar o crescimento de muitos cancros. Todos os alimentos vegetais contêm caroteno, um agente antioxidante que impede o crescimento do cancro. A batata-doce de polpa alaranjada é uma boa fonte de vitamina A (beta-caroteno).

5.3 Coma mais alimentos ricos em fibras

Uma dieta rica em fibras pode ajudar a reduzir a ingestão total de calorias e a manter um peso saudável, o que é vital para reduzir o risco de cancro. Existem dois tipos de fibras: solúveis e insolúveis. Ambos fazem parte de uma dieta saudável que pode ajudar a reduzir o risco de cancro. A fibra solúvel atrai a água e transforma-se em gel durante a digestão, abrandando o processo digestivo. Os alimentos ricos em fibras solúveis incluem aveia, cevada, nozes e sementes, ervilhas, abacate, laranjas e couves-de-bruxelas. A fibra insolúvel ajuda os alimentos a passar mais rapidamente pelo estômago e pelos intestinos. Os alimentos ricos em fibras insolúveis incluem as maçãs, os cereais integrais e o farelo de trigo. As frutas e os legumes são boas fontes de fibra.

Os alimentos com pelo menos 2,5 gramas de fibra por porção são considerados boas fontes de fibra. Os alimentos com pelo menos 5 gramas ou mais de fibra por porção são considerados excelentes fontes de fibra.

5.4 A desintoxicação é fundamental

Na realidade, a desintoxicação é provavelmente a parte mais importante, embora negligenciada, de um plano de saúde global e é fundamental para a prevenção do cancro. A desintoxicação é o processo de neutralização, transformação e eliminação de toxinas do corpo e de eliminação do excesso de muco e congestão. Uma dieta pobre, uma má digestão, um cólon lento, uma função reduzida do fígado e uma eliminação deficiente dos rins conduzem a um aumento da toxicidade. Uma má alimentação, uma má digestão, um cólon lento, uma função reduzida do fígado e uma eliminação deficiente dos rins conduzem a um aumento da toxicidade.

Qual é o processo de desintoxicação? Primeiro, limpar o cólon, depois livrar o corpo de parasitas, depois limpar os rins, o fígado e a vesícula biliar, o sangue e os restantes órgãos. Esta pode ser a melhor ordem a seguir.

A desintoxicação é essencial para a saúde geral e é uma parte crucial do regime de combate ao cancro. Sabia que Deus nos deu um sistema natural para nos ajudar na desintoxicação interna? Isto leva-nos à estratégia seguinte, que é um exercício específico semelhante ao de saltar no trampolim: o rebounding.

5.5 O exercício é essencial

O exercício físico oferece um conjunto impressionante de benefícios para a saúde. Ajuda a prevenir o cancro do cólon e o cancro da mama, as doenças cardíacas e a diabetes de tipo 2, reduz o risco de hipertensão arterial e ajuda a aliviar a insónia, a ansiedade e a depressão. O exercício regular melhora a função cognitiva em pessoas que já tinham problemas de memória.

A investigação levou muitos cientistas a concluírem que saltar num mini-trampolim (ou seja, rebounding) é possivelmente o exercício mais eficaz inventado pelo homem, especialmente devido ao efeito que o rebounding tem no sistema linfático.

O corpo humano precisa de se movimentar. O sistema linfático banha todas as células e transporta nutrientes para elas, ao mesmo tempo que remove toxinas como células mortas e cancerosas, metais pesados, vírus infecciosos e outros resíduos variados. Mas, ao contrário do sangue *(que é bombeado pelo coração),* a linfa é totalmente dependente do exercício físico.

Sem movimento adequado, as células são deixadas a estufar nos seus próprios resíduos e a carecer de nutrientes, uma situação que contribui para o cancro e outras doenças degenerativas - bem como para o envelhecimento prematuro. **Está provado que o rebounding aumenta o fluxo linfático até 30 vezes!** Além disso, todas as células do corpo se tornam mais fortes em resposta ao aumento das "forças G" durante o rebounding, e este exercício celular resulta em células imunitárias autopropulsionadas até 5 vezes mais activas!

O ressalto num mini-trampolim reforça diretamente o sistema imunitário, aumenta o fluxo linfático e oxigena o sangue. Na minha opinião, é o melhor exercício para prevenir e combater o cancro.

O exercício também faz o corpo suar, e a transpiração é essencial no processo de desintoxicação. Para além do exercício, se possível, sente-se numa sauna todas as noites para se certificar de que está a suar para eliminar as toxinas todos os dias.

Para além de ajudar a controlar o peso, a atividade física por si só pode reduzir o risco de cancro da mama e do cólon. Os adultos que praticam qualquer quantidade de atividade física obtêm alguns benefícios para a saúde. Mas para obter benefícios substanciais para a saúde, esforce-se por fazer pelo menos 150 minutos por semana de atividade aeróbica moderada ou 75 minutos por semana de atividade aeróbica vigorosa. Pode misturar atividade moderada e vigorosa. Procure fazer pelo menos 30 minutos de atividade física diária, e mais, se possível.

Além disso, pode fazer muitos exercícios em casa ou à sua volta. Durante o dia, arranje tempo para fazer alongamentos ou dar um pequeno passeio. Os seus níveis de energia e força melhorarão gradualmente com o exercício consistente.

O exercício de baixo impacto conta, por isso dê um passeio, nade algumas voltas ou participe numa aula para fazer exercício. Existem até exercícios na cadeira se tiver dificuldades de equilíbrio e coordenação.

5.6 Exercício e sono - O duo dinâmico

Um dos maiores benefícios do exercício físico é o seu efeito no sono. O exercício trabalha o corpo, os músculos, as articulações, os pulmões e o coração. Os ritmos circadianos (o seu ciclo interno de sono) no seu corpo são melhorados pelo exercício. Isto torna-o mais ativo durante o dia e promove um sono de qualidade à noite.

Tanto o exercício como o sono são cruciais para prevenir, combater e vencer o cancro. Os cientistas, os médicos e muitas organizações de luta contra o cancro concordam que o equilíbrio certo entre o exercício e o sono é importante. Têm de fazer parte do seu plano global de luta contra o cancro. Deixe que o exercício e o sono sejam o seu golpe duplo na luta contra o cancro.

5.7 Manter um peso saudável e ser fisicamente ativo

Manter um peso saudável pode diminuir o risco de vários tipos de cancro, incluindo o cancro da mama, da próstata, do pulmão, do cólon e do rim. *Evitar a obesidade*. Comer mais leve e magro, escolhendo menos alimentos com elevado teor calórico, incluindo açúcares refinados e gordura de origem animal.

5.8 Apanhar sol

A vitamina D é produzida automaticamente quando o colesterol da pele absorve os raios ultravioleta B (UVB) do sol. Em seguida, circula por todo o corpo para prevenir o cancro (e outras doenças). É interessante notar que o seu corpo produz automaticamente a quantidade certa de vitamina D. Assim, se apanhar mais luz solar do que precisa, não pode ter uma overdose de vitamina D. A sua pele produzirá apenas o que é necessário e não mais. (É preciso ter cuidado para não se queimar ao sol, pois uma exposição excessiva pode criar um problema).

5.9 O sono é vital

Por muito bem que se alimente, por muito exercício que faça e por muito tempo que passe a planear e a cozinhar as suas refeições, nunca será verdadeiramente saudável se não tiver um sono de qualidade suficiente. Um sono de má qualidade pode alterar o seu metabolismo, tornando-o propenso ao aumento de peso, diabetes de tipo 2, doenças cardíacas, stress, ansiedade, tensão arterial elevada, obesidade e cancro. Pode diminuir a sua resposta imunitária, deixando-o suscetível a constipações e gripes. Não dormir o suficiente pode fazer com que se sinta tão sobrecarregado e exausto que deixa de fazer boas escolhas e acaba por fazer o que é mais fácil no momento. Passa 1/3 da sua vida no seu quarto, por isso tem de se certificar de que este é propício ao descanso e ao relaxamento. À noite, desligue o Wi-Fi da sua casa e certifique-se de que os aparelhos electrónicos não estão demasiado perto da sua cama, devido aos efeitos nocivos dos CEM (frequências electromagnéticas).

Garantir um sono de qualidade adequado todas as noites é uma obrigação para apoiar a saúde do seu corpo e o sistema de desintoxicação natural. Dormir permite ao cérebro reorganizar-se e recarregar-se, bem como eliminar os resíduos tóxicos que se acumulam ao longo do dia. Um desses resíduos é uma proteína chamada beta-amiloide, que contribui para o desenvolvimento da doença de Alzheimer. Com a privação de sono, o seu corpo não tem tempo para realizar essas funções, pelo que as toxinas podem acumular-se e afetar vários aspectos da sua saúde. Deve dormir regularmente 7 a 9 horas por noite para ajudar a promover uma boa saúde. Se tiver dificuldades em adormecer ou em adormecer à noite, as mudanças de estilo de vida, como manter um horário de sono e limitar a luz azul antes de dormir, são úteis para melhorar o sono.

De acordo com a American Association for Cancer Research, a deficiência de sono pode neutralizar os benefícios imunitários, hormonais e metabólicos obtidos quando o exercício regular faz parte de um estilo de vida saudável ou de um plano de tratamento do cancro.

Durante o estudo, as mulheres activas com 65 anos ou menos perderam os benefícios do seu estilo de vida ativo se dormissem menos de sete horas por noite. **O seu risco de cancro era, na verdade, mais elevado** do que o das mulheres que praticavam exercício físico e dormiam o suficiente, mas ainda assim inferior ao das que praticavam pouco exercício físico.

A falta de sono tem um grande impacto na sua saúde em geral. Não ter um sono de qualidade suficiente pode causar um desequilíbrio em duas das hormonas que afectam o risco de cancro.

- **O cortisol** é a "hormona do stress" do corpo e é libertado em momentos de ansiedade. A exaustão física e mental faz com que o seu corpo produza mais cortisol. Isto pode contribuir para o desenvolvimento e progressão das células cancerígenas.

- **A melatonina** é produzida durante o sono. Tem poderosas propriedades antioxidantes que ajudam a evitar danos nas células que podem eventualmente tornar-se cancerosas. Quando não dorme o suficiente, o seu corpo reduz a produção de melatonina, o que o deixa em risco de cancro e outras doenças graves.

É sabido que dormir de forma consistente e de boa qualidade melhora a saúde geral e pode prevenir o declínio cognitivo. O nosso corpo depende de uma certa quantidade de sono regular para uma série de funções essenciais, muitas das quais no cérebro. Estudos demonstraram que as pessoas que dormem regularmente menos do que as sete a oito horas recomendadas por noite têm resultados inferiores nos testes de função mental. Isto pode dever-se ao facto de a aprendizagem e as memórias serem consolidadas durante o sono. Durma quando o seu corpo lhe disser.

5.10 Meditar e rezar antes de dormir para acalmar o coração e a mente.

Se a sua rotina normal de sono tiver sido perturbada devido ao stress, à dor ou aos tratamentos, é importante rezar e meditar para acalmar o seu coração e a sua mente, facilitando um sono tranquilo, a integridade e a cura. O seu corpo precisa desesperadamente dos benefícios do sono para o ajudar a combater e a prevenir o cancro.

5.11 Evitar comportamentos de risco

Outra tática eficaz de prevenção do cancro consiste em evitar comportamentos de risco que podem conduzir a infecções que, por sua vez, podem aumentar o risco de cancro. Por exemplo: **Praticar sexo seguro.** Limite o número de parceiros sexuais e utilize um preservativo quando tiver relações sexuais. Quantos mais parceiros sexuais tiver durante a sua vida, maior é a probabilidade de contrair uma infeção sexualmente transmissível - como o VIH ou o HPV. As pessoas que têm VIH ou SIDA têm um risco mais elevado de cancro do ânus, do fígado e do pulmão. O HPV está mais frequentemente associado ao cancro do colo do útero, mas também pode aumentar o risco de cancro do ânus, pénis, garganta, vulva e vagina. **Não partilhe agulhas.** A partilha de agulhas com pessoas que consomem drogas intravenosas pode levar ao contágio do VIH, bem como da hepatite B e da hepatite C - o que pode aumentar o risco de cancro do fígado. Se estiver preocupado com o uso indevido ou a dependência de drogas, procure ajuda profissional.

5.12 Obter cuidados médicos regulares

Os auto-exames e rastreios regulares de vários tipos de cancro - como o cancro da pele, do cólon, do colo do útero e da mama - podem aumentar as suas hipóteses de descobrir o cancro precocemente, quando o tratamento tem mais probabilidades de ser bem sucedido.

5.13 Mantenha o seu quarto fresco, silencioso e escuro para dormir

Os seus níveis de melatonina aumentam à noite, pelo que manter o quarto escuro e frio incentiva a produção prolongada e natural de melatonina. Um estudo de 2010 no *The Journal of Clinical Endocrinology & Metabolism* concluiu que os indivíduos expostos à luz ambiente "durante as horas habituais de sono suprimiram a melatonina em mais de 50% na maioria dos ensaios (85%)".

5.14 Contactos sociais

A interação social pode ter efeitos profundos na sua saúde e longevidade. De facto, há provas de que fortes ligações sociais podem ser tão importantes como a atividade física e uma dieta saudável. As interacções sociais fortes podem ajudar a proteger a memória e a função cognitiva de várias formas à medida que envelhece. A investigação mostra que as pessoas com fortes laços sociais têm menos probabilidades de sofrer declínios cognitivos do que as que estão sozinhas. Pelo contrário, a depressão, que muitas vezes anda de mãos dadas com a solidão, está associada a um declínio cognitivo mais rápido. Além disso, ter uma rede forte de pessoas que o apoiam e cuidam de si pode ajudar a baixar os seus níveis de stress. As actividades sociais exigem a participação em vários processos mentais importantes, incluindo a atenção e a memória, o que pode reforçar a cognição. A participação frequente ajuda a reforçar as redes neuronais, retardando os declínios normais relacionados com a idade. Pode também ajudar a reforçar a reserva cognitiva, o que pode atrasar o aparecimento de demência.

CAPÍTULO 6: MALNUTRIÇÃO NO CANCRO

6.1 Malnutrição e cancro

O cancro e os tratamentos contra o cancro podem afetar o paladar, o olfato, <u>o apetite</u> e a capacidade de ingerir alimentos suficientes ou de absorver os nutrientes dos alimentos. Isto pode causar <u>desnutrição</u>, que é uma <u>condição</u> causada pela falta de nutrientes essenciais. A desnutrição pode fazer com que o doente fique fraco, cansado e incapaz de combater <u>infecções</u> ou de terminar o tratamento do cancro. A subnutrição pode agravar-se se o cancro crescer ou se espalhar. Comer a quantidade certa de proteínas e <u>calorias</u> é importante para curar, combater infecções e ter energia suficiente.

6.2 A anorexia e a caquexia são causas comuns de malnutrição nos doentes com cancro.

A anorexia é um sintoma comum nos doentes com cancro. A anorexia pode ocorrer no início da doença ou mais tarde, se o cancro crescer ou se espalhar. Alguns doentes já têm anorexia quando lhes é diagnosticado o cancro. A maioria dos doentes com cancro avançado tem anorexia. A anorexia é a causa mais comum de malnutrição nos doentes com cancro.

Caquexia é comum em doentes com tumores que afectam a alimentação e a digestão. Pode ocorrer em doentes com cancro que se alimentam bem, mas não estão a armazenar gordura e músculo devido ao crescimento do tumor. Alguns tumores alteram a forma como o organismo utiliza determinados nutrientes. A utilização de proteínas, hidratos de carbono e gordura pelo organismo pode ser afetada, especialmente por tumores do estômago, intestinos ou cabeça e pescoço. Um doente pode parecer que está a comer o suficiente, mas o corpo pode não ser capaz de absorver todos os nutrientes dos alimentos.

Os cuidados nutricionais adequados podem conduzir a resultados positivos para o doente. Os principais aspectos do processo de cuidados nutricionais incluem a identificação da desnutrição, o estabelecimento dos objectivos do tratamento, a determinação da prescrição nutricional e a implementação dos cuidados nutricionais.

CAPÍTULO 7: UTILIZAÇÃO DE ALGUNS ALIMENTOS PARA A PREVENÇÃO DO CANCRO

7.1 As plantas alimentares na prevenção do cancro

Algumas plantas, como o limão selvagem, possuem substâncias antimitóticas que podem travar o crescimento de tumores malignos. O uso habitual destas plantas exerce uma ação preventiva comprovada contra o cancro. São recomendadas para as pessoas que já sofreram de cancro ou para as que têm tendência para o sofrer devido a factores estruturais ou genéticos. Os alimentos devem ser utilizados durante longos períodos (pelo menos um a três meses) para obter resultados positivos.

As frutas, juntamente com os legumes, são os alimentos anticancerígenos mais eficazes. Estudos demonstraram que o consumo abundante de frutas e legumes previne a maioria dos cancros que afectam os seres humanos.

Coma alimentos ricos em vitamina A, B, C, E, beta-caroteno e zinco. Faça uma dieta nutritiva, incluindo verduras de folhas escuras, legumes frescos de cor laranja e amarelo-escuro, frutas frescas, como cenouras, pêssegos e damascos, cereais integrais, nozes e legumes. A dieta deve ser rica em antioxidantes, como brócolos, couve, repolho, cenoura, batata-doce de polpa alaranjada, batata-doce de polpa roxa, óleo de linhaça, etc. Coma alho, cenoura, couve e cebola. Beber sumos de frutas e vegetais frescos, como cenoura, beterraba, couve e folhas de batata-doce. Algumas especiarias como a curcuma e os coentros são boas para a prevenção do cancro.

A fruta, juntamente com os vegetais, é o alimento anticarcinogénico mais eficaz. acrescentando que os nutrientes, vitaminas e fitoquímicos da fruta podem possivelmente parar os agentes cancerígenos antes de estes terem a oportunidade de começar a desenvolver cancro e podem bloquear a formação de novos vasos sanguíneos de que os tumores necessitam para crescer. Os nutrientes da fruta também podem estimular o sistema imunitário e atuar como antioxidantes. Coma o maior número possível de frutos diferentes, pois nenhum deles pode protegê-lo do cancro.

7.2 Alimentos e sua composição contra o cancro

7.2.1 Frutos que ajudam a prevenir o cancro

O consumo abundante de fruta previne a maioria dos cancros. As frutas ajudam a combater a inflamação, e a inflamação crónica é um precursor do cancro.

Os citrinos, como o *limão, a laranja e as uvas*, são excelentes fontes de vitamina C e contêm flavonóides, que podem estimular o sistema imunitário, promover a saúde do coração e suprimir o crescimento de vasos sanguíneos tumorais. A sua capacidade anticarcinogénica eficaz deve-se ao efeito combinado da vitamina C, flavonóides, limonóides e pectina. A toranja é uma excelente forma de começar o dia. Adicione sumo de limão e lima à água para uma dose extra de sabor e nutrientes.

| Limão | Laranja | Uvas |

Uvas: o resveratrol que contêm, nomeadamente na pele, é anticarcinogénico.

As ameixas e as maçãs protegem contra o cancro do cólon.

As maçãs são uma boa fonte de fibra e vitamina C, apresentam propriedades anti-inflamatórias e antioxidantes e contêm pectina, uma fibra que as bactérias do intestino podem utilizar para produzir compostos que protegem as células do cólon. Deve comer a casca da maçã, uma vez que esta contém pelo menos um terço de todos estes fitoquímicos saudáveis. Pode cozer ou assar cubos de maçãs com legumes para adicionar alguma doçura.

| Ameixas | Maçãs |

Ameixas: O consumo de ameixas tem sido associado a um menor risco de cancro da cabeça e do pescoço. As ameixas roxas e vermelhas escuras contêm antocianinas, incluindo cianidina-3-glucósido, que demonstrou ter efeitos preventivos e terapêuticos e pode aumentar os benefícios do tratamento com Herceptin.

O ananás previne o cancro do estômago. A bromelaína é uma enzima crucial encontrada no ananás (Ananas comosus (L.) Merr.). É uma substância proteolítica com inúmeros efeitos benéficos para a saúde humana, incluindo propriedades anti-inflamatórias, imunomoduladoras, antioxidantes e anticarcinogénicas. Tem sido tradicionalmente utilizada em muitos países devido ao seu potencial valor terapêutico.

Ananás

As amoras e outros frutos agregados, como **morangos, mirtilos e** morangos, são ricos em antocianinas, poderosos antioxidantes que neutralizam o efeito cancerígeno dos radicais livres. São extremamente saudáveis. Estão cheios de fibra, folato e muita vitamina C, e...

Amoras   *Morangos*   *Mirtilos*

As acerolas, as goiabas e os kiwis são ricos em vitamina C.

Goiaba: o extrato de goiaba pode prevenir e até parar o crescimento de células cancerígenas. Isto deve-se provavelmente aos elevados níveis de poderosos antioxidantes que impedem os radicais livres de danificar as células, uma das principais causas de cancro. A fruta e as folhas da goiaba contêm nutrientes, incluindo vitamina C e potássio, que podem ajudar a apoiar o coração, a digestão e outros sistemas do corpo.

Além disso, as folhas de goiabeira são utilizadas como chá de ervas e o extrato de folhas como suplemento. O extrato de folha de goiaba demonstrou ter um efeito anti-cancerígeno. Os frutos da goiaba são incrivelmente ricos em antioxidantes, vitamina C, potássio e fibras. Este notável teor de nutrientes confere-lhes muitos benefícios para a saúde.

| *Acerolas* | *Guavas* | *Kiwis* |

Baobás: A polpa dos frutos do baobá africano contém vitamina C, cálcio, fósforo, hidratos de carbono, fibras, potássio, proteínas e lípidos. Fornece 40 g de Vitamina C, fornecendo 54-100% da Dose Diária Recomendada (10 vezes os valores da laranja).

Tamarindo: O tamarindo tem um potencial antioxidante significativo. Pode reduzir a peroxidação lipídica hepática relacionada com os carcinogéneos e os danos no ADN. O tamarindo reduz o risco de cancro do cólon, para além dos mecanismos antioxidantes do cólon.

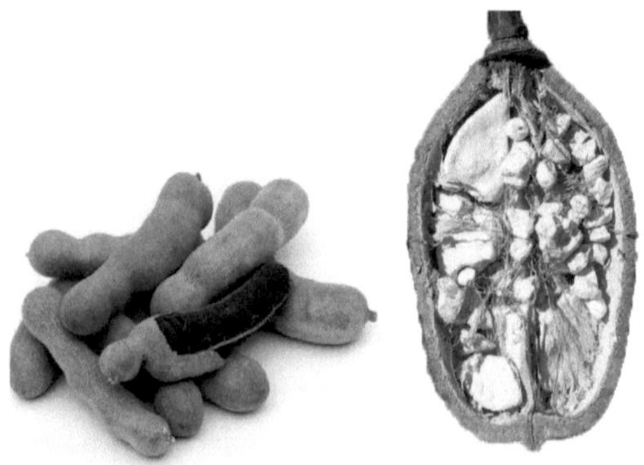

| *Tamarindo* | *Baobá* |

O tomate: é um fruto, e um fruto muito saudável. Estão carregados de licopeno, um antioxidante que demonstrou potencial anti-cancerígeno em vários estudos laboratoriais. Cozinhar os tomates aumenta o licopeno, e cozinhá-los com algum tipo de gordura, como óleo de coco virgem ou azeite, aumenta a capacidade do corpo de absorver esse licopeno. Muitos fitoquímicos, como o licopeno, funcionam sinergicamente quando combinados com outros fitoquímicos de uma fruta ou vegetal diferente. Por exemplo, estudos demonstraram que quando o tomate e os brócolos são combinados, reduzem mais o crescimento do cancro da próstata do que quando são consumidos separadamente.

Os abacates são uma óptima fonte de gordura monoinsaturada e também contêm várias vitaminas, antioxidantes e fitoquímicos. Também contêm fibra e potássio, que ajudam a manter um ritmo cardíaco normal e podem ajudar a baixar a tensão arterial. Os abacates podem ser adicionados a saladas, sandes e batidos.

Abacates

7.2.2 Os legumes que ajudam a prevenir o cancro

Todos os legumes protegem, em maior ou menor grau, contra o cancro. A sua riqueza em provitamina A, vitamina C e fitoquímicos antioxidantes explica este efeito anticancerígeno.

Família botânica Solanaceae: Os tomates, os pimentos doces e as beringelas são ricos em carotenóides, beta-caroteno (pró-vitamina A) e vitamina C, todos eles potentes antioxidantes.

| Tomate | Beringela |

Família botânica Liliaceae (cebola e alho): A cebola contém flavonóides e essências sulfuradas que protegem contra o cancro. A cebola previne o cancro do intestino, regula a flora intestinal e pára o processo de putrefação

| Cebola | Alho |

A couve, a couve-flor, os brócolos e os rabanetes são as crucíferas mais conhecidas pelas suas propriedades de prevenção do cancro.

Cenoura: A cenoura tem elevadas concentrações de beta-caroteno (pró-vitamina A), um antioxidante que previne o crescimento do cancro. As cenouras podem ser consumidas cruas, cozidas ou em sumo de raiz, adicionar óleo de coco virgem ou azeite para absorção da vitamina A.

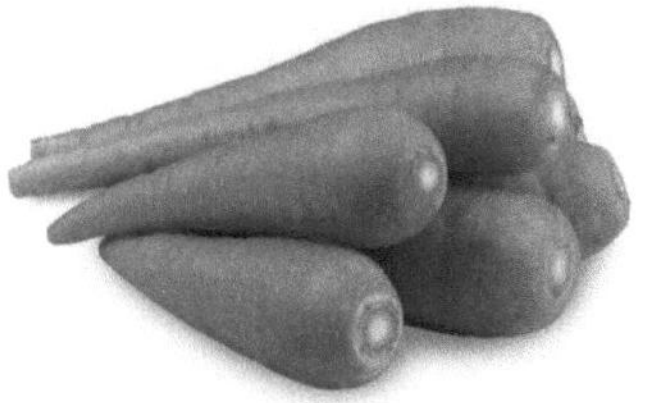

Cenoura

7.2.3 Outros alimentos que ajudam a prevenir o cancro

O iogurte é frequentemente considerado benéfico na prevenção do cancro devido ao seu potencial papel no apoio a um sistema digestivo saudável. Contém potenciais bactérias activas (probióticos) e ácido lático parcialmente, que são bactérias benéficas que podem ajudar a manter um equilíbrio saudável de microorganismos no intestino. Um microbioma intestinal saudável está associado a um sistema imunitário mais forte e pode potencialmente reduzir a inflamação, o que, por sua vez, pode ajudar a diminuir o risco de certos tipos de cancro. No entanto, é importante notar que, embora o iogurte possa fazer parte de uma dieta saudável, é apenas um fator entre muitos que podem contribuir para a prevenção do cancro.

O iogurte protege contra o cancro da mama devido ao seu conteúdo em culturas activas de bactérias e ácido lático.

Cereais integrais

A fibra presente nos cereais integrais acelera o movimento do intestino. Também retém e remove substâncias cancerígenas que possam estar no trato digestivo, excretando-as com as fezes.

Os cereais também contêm fitatos, que actuam como anticancerígenos, embora também reduzam a absorção de ferro e zinco.

Óleo de coco virgem (VCO)

Rico em antioxidantes, que têm um efeito anticarcinogénico. O VCO tem uma eficácia anticancerígena e pode ser utilizado no tratamento do cancro, especialmente do cancro do fígado e da boca.

Batata-doce de polpa alaranjada (OFSP)

Elevada concentração de beta-caroteno (pró-vitamina A), outros carotenóides, antioxidantes e fibras, daí o efeito anticarcinogénico.

Batata-doce de polpa alaranjada

Batata-doce de polpa roxa

A batata-doce de polpa alaranjada é rica em antocianina, que protege contra o cancro colorrectal ao induzir a paragem do ciclo celular e mecanismos anti-proliferativos e apoptóticos.

Batata-doce de polpa roxa

Leguminosas que ajudam a prevenir o cancro.

As leguminosas protegem contra o cancro devido à sua riqueza em fibras e fitoquímicos anticarcinogénicos, como o ácido fítico e os fitatos.

A soja e os seus derivados, soja, grão-de-bico, tofu e leite de soja, fornecem uma variedade de fitoquímicos anticarcinogénicos. Os mais eficazes são as isoflavonas genisteína e daidzeína. Estas são particularmente eficazes contra o cancro da mama e da próstata.

7.2.4 Especiarias que ajudam a prevenir o cancro

As especiarias na nossa cozinha fazem mais do que apenas dar cor e sabor à nossa comida. Algumas especiarias são ricas em flavonóides, que podem ajudar a proteger contra o cancro. Para além das suas propriedades de combate ao cancro, estas especiarias também têm efeitos anti-inflamatórios, antibacterianos e antioxidantes, proporcionando múltiplos benefícios para a saúde de quem as consome. Certas especiarias, conhecidas por realçarem o sabor, podem também ajudar a defender contra o cancro, doenças cardíacas e outras doenças crónicas. A investigação demonstrou que as especiarias podem até inibir a peroxidação lipídica, aumentando a sua lista de benefícios. À medida que vamos aprendendo mais sobre os seus benefícios para a saúde, as especiarias são cada vez mais vistas como uma potencial abordagem alternativa ao tratamento do cancro. De seguida, apresentamos algumas especiarias e os seus benefícios para a saúde.

Alho: O alho pertence à classe Allium de plantas em forma de bolbo, que também inclui o cebolinho, o alho francês, a cebola, a chalota e a cebolinha. O alho tem um elevado teor de enxofre e é também uma boa fonte de arginina, oligossacáridos, flavonóides e selénio, que podem ser benéficos para a saúde. O composto ativo do alho, denominado alicina, confere-lhe o seu odor caraterístico e é produzido quando os bolbos de alho são cortados, esmagados ou danificados de outra forma. O alho contém compostos organossulfurados, que têm qualidades de reforço imunitário e anticancerígenas que podem reduzir ou impedir o desenvolvimento de tumores.

Vários estudos sugerem que o aumento da ingestão de alho reduz o risco de cancro do estômago, do cólon, do esófago, do pâncreas e da mama. Parece que o alho pode proteger contra o cancro através de vários mecanismos, incluindo a inibição de infecções bacterianas e a formação de substâncias causadoras de cancro, promovendo a reparação do ADN e induzindo a morte celular. O alho apoia a desintoxicação e pode também apoiar o sistema imunitário e ajudar a reduzir a pressão arterial.

O seu sabor forte significa que uma pequena adição a vegetais ou carne pode fazer uma diferença deliciosa. Preventivo de tumores malignos, especialmente no sistema digestivo. Cancro da pele: Corte uma fatia fina de alho e cole-a cuidadosamente sobre o que considera ser um cancro de pele. Tente evitar o contacto do alho com a pele boa. Faz com que as toupeiras e os cancros de pele caiam. Aplicar de manhã, antes de se deitar, e lavar cuidadosamente a zona. Repetir o processo. Faça-o durante três dias.

Alho

A curcuma é uma planta com flor da família do gengibre, Zingiberaceae. A curcuma é uma erva da família do gengibre; é um dos ingredientes que torna muitos caris amarelos e lhe dá o seu sabor caraterístico. A curcuma contém curcumina, que dá ao caril em pó a sua cor amarela. A curcumina parece ser o composto ativo da curcuma. Este composto demonstrou ter propriedades antioxidantes e anti-inflamatórias, protegendo potencialmente contra o desenvolvimento do cancro. Os anti-inflamatórios têm um impacto positivo na prevenção do cancro, contrariando a rede de vasos sanguíneos que alimentam as células cancerosas. A curcuma tem um sabor suave e agradável e pode ser utilizada como uma mistura seca ou como um complemento para sopas.

Açafrão-da-terra

O gengibre, fresco ou seco, contém grandes propriedades antioxidantes e anti-inflamatórias. Tem um sabor forte e é uma erva versátil. Experimente adicionar uma pequena quantidade a batidos ou sumos de fruta, chás ou arroz.

Black Paper, um estudo realizado por cientistas da University of Michigan Comprehensive Cancer e publicado na revista Breast Cancer Research and Treatment, descobriu que a pimenta, juntamente com a curcuma, inibiu o crescimento de células estaminais cancerosas nos tumores da mama.

Pimenta de caiena: na Universidade da Califórnia, um estudo revelou que a capsaicina, um poderoso antioxidante presente na pimenta de caiena, impede o crescimento de células cancerígenas da próstata. Em alguns casos, a capsaicina pode até ser capaz de matar as células cancerígenas. A pimenta de caiena é picante, mas para quem gosta de especiarias, pode ser utilizada em pipocas, em temperos secos ou mesmo em ovos.

O óleo **de cravo** é conhecido pela sua eficácia como antibacteriano, analgésico, expetorante, antioxidante e antiespasmódico. Um dos componentes do óleo de cravinho é o eugenol. O cravinho está atualmente a ser investigado pelo seu potencial no tratamento do cancro, uma vez que demonstrou a capacidade de

induzir a apoptose em várias células cancerígenas. Além disso, o cravinho é uma fonte de ácido betulínico e outros triterpenos, que têm o potencial de atuar como agentes quimiopreventivos contra o cancro da mama.

Pimenta da Jamaica

A pimenta-da-jamaica, também conhecida como pimenta da Jamaica, pimenta de murta, pimenta ou pimento, é a baga seca e não madura da Pimenta dioica, uma árvore de copa média nativa das Grandes Antilhas, do sul do México e da América Central. Atualmente, é cultivada em muitas regiões quentes do

mundo. A pimenta da Jamaica é uma especiaria com propriedades anti-inflamatórias. O seu sabor profundo e quente encontra-se frequentemente em sopas, chás chai e até em sobremesas picantes como o pão de gengibre.

Oregãos

Os orégãos contêm carvacrol, uma molécula que pode ajudar a impedir a propagação de células cancerígenas, funcionando como um desinfetante natural. Esta erva encontra-se frequentemente em pratos italianos clássicos, como a pizza e a massa.

Açafrão

Embora o açafrão tenha um preço elevado, contém carotenóides solúveis em água chamados crocinas. As crocinas podem inibir o crescimento do tumor e a progressão do cancro. Devido ao seu preço, o açafrão é normalmente utilizado em pequenas quantidades. A especiaria é particularmente saborosa quando adicionada ao arroz e ao caril.

Lavanda

Alguns estudos identificaram propriedades da alfazema que podem ser úteis contra o cancro. Um composto da alfazema chamado POH demonstrou alguns benefícios em doentes de cuidados paliativos com gliomas recorrentes. A alfazema está a tornar-se cada vez mais popular nas sobremesas, mas é também uma adição fácil e deliciosa ao chá.

CAPÍTULO 8: OS ALIMENTOS COMO FONTE DE CANCRO

8.1 Introdução

A alimentação é atualmente o principal fator causador de cancro. É irónico que os próprios alimentos destinados a promover a saúde e a vida sejam agora a principal causa de cancro e de morte.

Para reduzir o risco de cancro, recomenda-se que se evite os seguintes alimentos:

As carnes processadas são carnes que foram conservadas através da fumagem, salga, cura ou adição de conservantes químicos. O consumo de carnes processadas aumenta o risco de cancro. A investigação relaciona os alimentos processados como o bacon, as salsichas, os snacks embalados, os cereais açucarados e os refrigerantes com o aumento do risco de cancro. Além disso, a carne vermelha e o álcool podem contribuir para o risco de cancro se forem consumidos em excesso.

8.2 Coisas a evitar

8.2.1 Limitar as carnes transformadas/enlatadas.

Um relatório da Agência Internacional de Investigação do Cancro, a agência do cancro da Organização Mundial de Saúde, concluiu que comer grandes quantidades de carne processada pode aumentar ligeiramente o risco de certos tipos de cancro. Coma peixe em vez de carne vermelha.

Evite carnes curadas: As carnes curadas incluem salsichas, fiambre curado, bacon, carnes grelhadas e carnes muito bem passadas ou fritas. Os alimentos fumados, em conserva e salgados devem ser evitados.

8.2.2 Não consumir tabaco

O consumo de qualquer tipo de tabaco coloca-o em rota de colisão com o cancro. Fumar está associado a vários tipos de cancro, incluindo o cancro dos pulmões, da boca, da garganta, da laringe, do pâncreas, da bexiga, do colo do útero e dos rins. O tabaco de mascar tem sido associado ao cancro da cavidade oral e do pâncreas. Mesmo que não use tabaco, a exposição ao fumo passivo pode aumentar o risco de cancro do pulmão. Evitar o tabaco ou decidir deixar de o consumir é uma parte essencial da prevenção do cancro.

8.2.3 Evitar cafeína, álcool, hidratos de carbono e doces durante 8 horas antes de deitar .

A maioria deles é fácil de evitar se estiver a praticar uma <u>dieta cetogénica</u>. Se não estiver a fazer uma dieta cetogénica, evite-os antes de dormir, pois afectam a nossa capacidade de ter um sono profundo. Um estudo de *pesquisa científica* de 2013 concluiu que "bebidas energéticas, outras bebidas com cafeína e bebidas alcoólicas são fatores de risco de má qualidade do sono".

8.2.4 Limitar o consumo de álcool

Limitar o consumo de álcool em excesso reduz a capacidade do fígado para desempenhar as suas funções normais, como a desintoxicação. O seu fígado metaboliza mais de 90% do álcool que consome. As enzimas hepáticas metabolizam o álcool em acetaldeído, um químico conhecido como causador de cancro. Reconhecendo o acetaldeído como uma toxina, o fígado converte-o numa substância inofensiva chamada acetato, que é eliminada do organismo. Embora estudos observacionais tenham demonstrado que o consumo baixo a moderado de álcool beneficia a saúde do coração, o consumo excessivo pode causar muitos problemas de saúde. O consumo excessivo de álcool pode prejudicar gravemente a função hepática, causando acumulação de gordura, inflamação e cicatrizes.

8.2.5 Evitar o consumo de alimentos e bebidas muito quentes

O consumo de alimentos e bebidas muito quentes pode aumentar potencialmente o risco de desenvolver cancro do esófago. Quando estas substâncias quentes entram em contacto com a garganta e o esófago, podem causar irritação e danos nas células, o que pode contribuir para o desenvolvimento de cancro ao longo do tempo. É importante deixar arrefecer os alimentos e bebidas quentes antes de os consumir para reduzir o risco.

Reduzir a carne: Comer carne processada aumenta o risco de cancro do intestino e do estômago. A carne vermelha, como a carne de vaca, borrego e porco, foi classificada como um agente cancerígeno do Grupo 2A, o que significa que provavelmente causa cancro. Uma análise exaustiva mostra que existe uma forte associação entre a carne vermelha e o cancro da mama e a maioria dos cancros gástricos. Verificou-se que a presença de hidrocarbonetos aromáticos, aminas heterocíclicas e ferro heme na carne vermelha está na origem da tumorigénese.

CAPÍTULO 9: DIETA PARA PREVENIR CADA TIPO DE CANCRO

Existe uma vasta investigação sobre alimentos e padrões de dieta que protegem contra o cancro, doenças cardíacas, AVC, diabetes e outras doenças crónicas. A boa notícia é que muitos dos alimentos que ajudam a prevenir doenças também parecem ajudar a controlar o peso, como os cereais integrais, os legumes, as frutas e os frutos secos.

Prevenção do cancro do pulmão	
Aumentar	**Reduzir ou eliminar**
Frutas frescas, legumes e cereais integrais	Carnes curadas (salsichas, bacon) Cerveja, leite gordo e produtos lácteos, ovos, alimentos refinados cozinhados
Prevenção do cancro da mama	
Aumentar	**Reduzir ou eliminar**
Soja, tofu, frutas, legumes, especialmente cenoura e espinafres, azeite, alho, iogurte e alimentos ricos em fibras, vitamina C, beta-caroteno e vitamina E.	Carne vermelha. O peixe e o frango sem pele não são prejudiciais, a carne de porco processada (salsicha e fiambre), os ovos, o leite, o queijo com elevado teor de gordura, as gorduras, os ácidos gordos trans (margarina e produtos de pastelaria comerciais), as bebidas alcoólicas, mesmo em doses baixas, o chocolate e os produtos de pastelaria.
Prevenção do cancro da próstata	
Aumentar	**Reduzir ou eliminar**
Frutas, tomates, frutos secos (tâmaras, passas), legumes, soja, tofu, leite de soja (bebidas), pectina de citrinos, alho, frutose, vitamina E, carotenóides (licopeno)	Carne vermelha, leite, gordura animal, Cálcio de alimentos ou suplementos
Prevenção do cancro do cólon	
Aumentar	**Reduzir ou eliminar**

Aumentar	Reduzir ou eliminar
Alimentos ricos em fibras, frutas, legumes, especialmente cenouras e espinafres, cereais integrais, produtos lácteos fermentados (iogurte) e cálcio	Carnes vermelhas (vaca, porco, borrego), carnes bem passadas, carnes curadas ou transformadas, fígado e outras variedades de carnes, ovos (sobretudo para as mulheres), gorduras e alimentos muito calóricos, sobretudo de origem animal, queijos curados com elevado teor de gordura, açúcar, bebidas alcoólicas, sobretudo vinho.

Prevenção do cancro do estômago

Aumentar	Reduzir ou eliminar
Frutas, nomeadamente citrinos e ananás, legumes, alho, cebola, cereais integrais, óleo vegetal, massas, arroz,	Carne vermelha, especialmente carne bem passada, carne curada (salsicha), cerveja, alimentos salgados, ovos, açúcar, gordura saturada,

Prevenção do cancro do fígado

Aumentar	Reduzir ou eliminar
Legumes, beta-caroteno (pró-vitamina A)	Carne de porco, vinho e outras bebidas alcoólicas, alimentos moly ou com resíduos de aflatoxinas

Prevenção do cancro do esófago

Aumentar	Reduzir ou eliminar
Frutos, nomeadamente citrinos, legumes, beta-caroteno (pró-vitamina A) e carotenóides, fibras	Bebidas alcoólicas, bebidas muito quentes, especialmente o mate, carnes vermelhas, especialmente churrasco, pickles

Prevenção do cancro do colo do útero

Aumentar	Reduzir ou eliminar
Maçãs, espargos, feijão preto, brócolos, couves-de-bruxelas, couve, arandos, alho, alface, feijão-lima, cebola, soja e espinafres.	Produtos lácteos, carne, gorduras saturadas, alimentos e bebidas com elevado teor de calorias, sódio e/ou açúcar

Prevenção do cancro da tiroide

Aumentar	Reduzir ou eliminar
Os legumes, os cereais integrais, os feijões secos e as leguminosas (por exemplo, grão-de-bico, lentilhas, edamame, feijão preto) são utilizados para obter proteínas.	Carnes processadas, açúcares adicionados e álcool.

Prevenção do cancro da bexiga urinária

Aumentar	Reduzir ou eliminar
Frutas, legumes, especialmente cenouras e espinafres, beta-caroteno (pró-vitamina A), vitamina C, vitamina C	Carne de porco, borrego, café, leite, pickles, gordura (especialmente gordura animal), alimentos fritos, excesso de calorias, sódio (sal), vinho, cerveja e outras bebidas alcoólicas

O cancro não é necessariamente uma sentença de morte. Enquanto houver fôlego, há esperança.

REFERÊNCIAS

Instituto Americano de Investigação do Cancro. Relatório do inquérito de sensibilização para o risco de cancro AICR 2015. Disponível em: http://www.aicr.org/cancer-research-update/2015/02_04/cru_New-Survey-Low-Awareness-of-Key-Cancer-Risk-Factors.html.

Instituto Americano de Investigação do Cancro. Fundo Mundial de Investigação do Cancro. Dados mundiais sobre o cancro. Estatísticas globais do cancro para os cancros mais comuns. 2018. https://www.wcrf.org/dietandcancer/cancer-trends/worldwide-cancer-data.

Asogwa, I. S., Ibrahim, A. N., & Agbaka, J. I. (2021). Baobá africano: O seu papel na melhoria da nutrição, da saúde e do ambiente. Trees, Forests and People, 3, 100043. https://doi.org/10.1016/j.tfp.2020.100043

Bertisch SM, Pollock BD, Mittleman MA, Buysse DJ, Bazzano LA, Gottlieb DJ, Redline S. Insomnia with objective short sleep duration and risk of incident cardiovascular disease and all-cause mortality: Sleep Heart Health Study. Sleep. 2018 Jun 1;41(6):zsy047. doi: 10.1093/sleep/zsy047. PMID: 29522193; PMCID: PMC5995202.

Bhathal SK, Kaur H, Bains K, Mahal AK. Avaliação da ingestão e do nível de consumo de especiarias entre famílias urbanas e rurais do distrito de Ludhiana de Punjab, Índia. Nutr J. (2020) 19:1-12. 10.1186/s12937-020-00639-4

Bower A, Marquez S, De Mejia EG. Os benefícios para a saúde de ervas e especiarias culinárias seleccionadas encontradas na dieta mediterrânica tradicional. Crit Rev Food Sci Nutr. (2016) 56: 2728-46. 10.1080/10408398.2013.80571

Bray, F., Ferlay, J., Soerjomataram, I., Siegel, R. L e Torre, L. A., Jemal, A.. Estatísticas mundiais sobre o cancro 2018: Estimativas GLOBOCAN de incidência e mortalidade em todo o mundo para 36 cânceres em 185 países. 2018 CA CANCER J CLIN 2018;68:394-424. https://doi.org/10.3322/caac.21492

Chen KC, Hsieh CL, Peng CC, Hsieh-Li HM, Chiang HS, Huang KD, Peng RY. As células DU-145 do cancro da próstata metastático derivado do cérebro são eficazmente inibidas in vitro por extractos de folhas de goiaba (Psidium gujava L.). Nutr Cancer. 2007;58(1):93-106. doi: 10.1080/01635580701308240. PMID: 17571972.

Cordone S, Annarumma L, Rossini PM, De Gennaro L. Sleep and β-Amyloid Deposition in Alzheimer Disease: Insights sobre Mecanismos e Possíveis Tratamentos Inovadores. Front Pharmacol. 2019 Jun 20; 10: 695. doi: 10.3389 / fphar.2019.00695. PMID: 31281257; PMCID: PMC6595048.

Craig WJ. Health-promoting properties of common herbs (Propriedades promotoras de saúde das ervas comuns). Am J Clin Nutr. 1999;70:491-9S.

Dwivedi V, Shrivastava R, Hussain S, Ganguly C, Bharadwaj M. Comparative anticancer potential of Clove (Syzygium aromaticum) - an Indian spice - against cancer cell lines of various anatomical origin. Asian Pac J Cancer Prev. 2011;12:1989-93.

Ferrell, V e Charne H.M. Natural Remedies Encyclopedia. Remédios caseiros para mais de 730 doenças. American's Mather Book of Home Remedies. Harvestime Books, EUA. Seis edições. 2012.

Ganguly C. Flavoring agents used in Indian cooking and their anticarcinogenic properties (agentes aromatizantes utilizados na cozinha indiana e suas propriedades anticarcinogénicas). Asian Pac J Cancer Prev. 2010;11:25-8.

George

Gordon MH. Dietary antioxidants in disease prevention (Antioxidantes dietéticos na prevenção de doenças). Nat Prod Rep. 1996;13:265-73.

Guida, F., Kidman, R., Ferlay, J. *et al.* Estimativas globais e regionais de órfãos atribuídos à mortalidade materna por cancro em 2020. *Nat Med* **28**, 2563-2572 (2022). https://doi.org/10.1038/s41591-022-02109-2

Hyun J, Han J, Lee C, Yoon M, Jung Y. Aspectos fisiopatológicos do metabolismo do álcool no fígado. Int J Mol Sci. 2021 27 de maio; 22 (11): 5717. doi: 10.3390 / jijms22115717. PMID: 34071962; PMCID: PMC8197869.

Jansson-Fröjmark, M., Evander, J. & Alfonsson, S. As práticas de higiene do sono estão relacionadas com a incidência, persistência e remissão da insónia? Resultados de um estudo comunitário prospetivo. J Behav Med 42, 128-138 (2019). https://doi.org/10.1007/s10865-018-9949-0

Kaliora AC, Kountouri AM. Chemopreventive Activity of Mediterranean Medicinal Plants. Prevenção do cancro - dos mecanismos aos benefícios translacionais. Rijeka: InTech; (2012). p. 261-84. [Google Scholar]

Khunkitti W, Veerapan P, Hahnvajanawong C. Bioactividades in vitro do óleo de botões de cravinho (Eugenia caryophyllata) e o seu efeito nos fibroblastos dérmicos. Int J Pharm Pharm Sci. 2012;4:556-60.

Kumar PS, Febriyanti RM, Sofyan FF, Luftimas DE, Abdulah R. Potencial anticancerígeno de Syzygium aromaticum L. em linhas celulares de cancro da mama humano MCF-7. Pharmacognosy Res. 2014 Out; 6 (4): 350-4. doi: 10.4103 / 0974-8490.138291. PMID: 25276075; PMCID: PMC4166826.

Kunzmann AT, Coleman HG, Huang WY, Berndt SI. The association of lifetime alcohol use with mortality and cancer risk in older adults: Um estudo de coorte. PLoS Med. 2018 Jun 19;15(6):e1002585. doi: 10.1371/journal.pmed.1002585. PMID: 29920516; PMCID: PMC6007830.

La Marca, L. Feeling Good. Guia médico natural para mulheres. Novo estilo de vida. Pradillo, 6. Pol.ind. La Mina. E-28770.Clmernar Viejo, Madrid, Espanha. 2010

Lim S, Xu J, Kim J, Chen TY, Su X, Standard J, Carey E, Griffin J, Herndon B, Katz B, Tomich J, Wang W. Papel da batata-doce de polpa roxa enriquecida com antocianina p40 na prevenção do cancro colorrectal. Mol Nutr Food Res. 2013 Nov;57(11):1908-17. doi: 10.1002/mnfr.201300040. Epub 2013 Jun 19. PMID: 23784800; PMCID: PMC3980565.

Mitchel, C., Baildam, E., Baildam, A., Bell, M., Bull, D., Clee , M., Emmerson, R. W., Hammond, K., Hertogs, D., Huse, W. M., Jackson, G. A., Ma Clemonds, A. Marshall D. N., McFarland, J. W. e Willis, R. J. B.. Vibrant Health in the Twenty-first Century.2008.The Stanborough Press Ltd, Alma Park, Grantham, Lincolinshire, NG31 9SL, Inglaterra.

Mizumoto A, Ohashi S, Hirohashi K, Amanuma Y, Matsuda T, Muto M. Mecanismos Moleculares da Carcinogénese Mediada por Acetaldeído no Epitélio Escamoso. Int J Mol Sci. 2017 Set 10;18(9):1943. doi: 10.3390/ijms18091943. PMID: 28891965; PMCID: PMC5618592

Monteiro S, Reboredo FH, Lageiro MM, Lourenço VM, Dias J, Lidon F, Abreu M, Martins APL, Alvarenga N. Nutritional Properties of Baobab Pulp from Different Angolan Origins. Plants (Basel). 2022 Aug 31;11(17):2272. doi: 10.3390/plants11172272. PMID: 36079651; PMCID: PMC9460372.

Mostofsky E, Chahal HS, Mukamal KJ, Rimm EB, Mittleman MA. Alcohol and Immediate Risk of Cardiovascular Events (Álcool e risco imediato de eventos cardiovasculares): A Systematic Review and Dose-Response Meta-Analysis. Circulation. 2016 Mar 8;133(10):979-87. doi: 10.1161/CIRCULATIONAHA.115.019743. PMID: 26936862; PMCID: PMC4783255.

Nieminen MT, Salaspuro M. Local Acetaldehyde-An Essential Role in Alcohol-Related Upper Gastrointestinal Tract Carcinogenesis. Cancros (Basileia). 2018 Jan 5;10(1):11. doi: 10.3390/cancers10010011. PMID: 29303995; PMCID: PMC5789361.

Pamplona-Roger, G.D (2011). Alimentação saudável. Novo estilo de vida. Pradillo, 6. Pol.ind. La Mina. E-28770.Clmernar Viejo, Madrid, Espanha.

Pamplona-Roger, G.D. Enciclopédia de Plantas Medicinais: Biblioteca de Educação e Saúde, Vol 1 e 2. 2006.

Petrick JL, Castro-Webb N, Gerlovin H, et al (2020). Uma análise prospetiva da ingestão de carne vermelha e processada em relação ao cancro do pâncreas entre mulheres afro-americanas. Cancer Epidemiol Biomarkers Prev. 2020;29:1775-1783

Reddy OC, van der Werf YD. O cérebro adormecido: aproveitando o poder do sistema glinfático por meio de escolhas de estilo de vida. Brain Sci. 2020 Nov 17; 10 (11): 868. doi: 10.3390 / braininsci10110868. PMID: 33212927; PMCID: PMC7698404.

Ryu NH, Park KR, Kim SM, Yun HM, Nam D, Lee SG, Jang HJ, Ahn KS, Kim SH, Shim BS, Choi SH, Mosaddik A, Cho SK, Ahn KS. Uma fração de hexano de folhas de goiaba (Psidium guajava L.) induz a atividade anticancerígena através da supressão da AKT/alvo mamífero da rapamicina/ribossómica p70 S6 quinase em células humanas de cancro da próstata. J Med Food. 2012 Mar;15(3):231-41. doi: 10.1089/jmf.2011.1701. Epub 2012 Jan 26. PMID: 22280146; PMCID: PMC3282482.

Shan B, Cai YZ, Sun M, Corke H. Capacidade antioxidante de 26 extractos de especiarias e caraterização dos seus constituintes fenólicos. J Agric Food Chem. 2005;53:7749-59.

Shechter A, Kim EW, St-Onge MP, Westwood AJ. Bloqueio da luz azul nocturna para a insónia: Um estudo controlado randomizado. J Psychiatr Res. 2018 Jan; 96: 196-202. doi: 10.1016 / j.jpsychires.2017.10.015. Epub 2017 Oct 21. PMID: 29101797; PMCID: PMC5703049.

Shobana S, Naidu KA. Antioxidant activity of selected Indian spices (Atividade antioxidante de especiarias indianas seleccionadas). Prostaglandins Leukot Essent Fatty Acids. 2000;62:107-10.

Shokri-Kojori E, Wang GJ, Wiers CE, Demiral SB, Guo M, Kim SW, Lindgren E, Ramirez V, Zehra A, Freeman C, Miller G, Manza P, Srivastava T, De Santi S, Tomasi D, Benveniste H, Volkow ND. β-Amyloid accumulation in the human brain after one night of sleep deprivation (acumulação de β-amiloide no cérebro humano após uma noite de privação de sono). Proc Natl Acad Sci U S A. 2018 24 de abril; 115 (17): 4483-4488. doi: 10.1073 / pnas.1721694115. Epub 2018 Apr 9. PMID: 29632177; PMCID: PMC5924922.

Sivasubramanian BP, Dave M, Panchal V, Saifa-Bonsu J, Konka S, Noei F, Nagaraj S, Terpari U, Savani P, Vekaria PH, Samala Venkata V, Manjani L. Comprehensive Review of Red Meat Consumption and the Risk of Cancer (Revisão abrangente do consumo de carne vermelha e do risco de cancro). Cureus (2023). Sep 15;15(9):e45324. doi: 10.7759/cureus.45324. PMID: 37849565; PMCID: PMC10577092.

Spanoudaki M, Giaginis C, Karafyllaki D, Papadopoulos K, Solovos E, Antasouras G, Sfikas G, Papadopoulos AN, Papadopoulou SK. O exercício como agente promissor contra o cancro: Evaluating Its Anti-Cancer Molecular Mechanisms. Cancers (Basel). 2023 Oct 25;15(21):5135. doi: 10.3390/cancers15215135. PMID: 37958310; PMCID: PMC10648074.

Stelze, Dominik et al. Estimates of the global burden of cervical cancer associated with HIV (Estimativas do peso global do cancro do colo do útero associado ao VIH). *The Lancet.* 2020. https://doi.org/10.1016/S2214-109X(20)30459-9

Talib WH, AlHur MJ, Al Naimat S, Ahmad RE, Al-Yasari AH, Al-Dalaeen A, Thiab S, Mahmod AI. (2022). Efeito anticancerígeno das especiarias utilizadas na dieta mediterrânica: Potenciais preventivos e terapêuticos. Front Nutr. 2022 Jun 14;9:905658. doi: 10.3389/fnut.2022.905658. PMID: 35774546; PMCID: PMC9237507.

Taunk P, Hecht E, Stolzenberg-Solomon R. (2016) A ingestão de carne e de ferro heme está associada ao cancro do pâncreas? Resultados da coorte de dieta e saúde NIH-AARP. Int J Cancer. 2016;138:2172-2189.

URT, (2014). Organização Mundial da Saúde. Perfil do país com cancro.

OMS. Agências Internacionais de Investigação sobre o Cancro. Número estimado de novos casos em 2018, em todo o mundo, ambos os sexos, todas as idades. 2018.

yes
I want morebooks!

Buy your books fast and straightforward online - at one of world's fastest growing online book stores! Environmentally sound due to Print-on-Demand technologies.

Buy your books online at
www.morebooks.shop

Compre os seus livros mais rápido e diretamente na internet, em uma das livrarias on-line com o maior crescimento no mundo! Produção que protege o meio ambiente através das tecnologias de impressão sob demanda.

Compre os seus livros on-line em
www.morebooks.shop

MIX
Papier aus verantwortungsvollen Quellen
Paper from responsible sources
FSC® C105338

Printed by Books on Demand GmbH, Norderstedt / Germany